Wirbelkristall

und

elektromagnetischer Mechanismus

Von

Dr. Carl Westphal

—————

Mit 30 Abbildungen

Braunschweig

Druck und Kommissionsverlag von Friedr. Vieweg & Sohn

1921

ISBN 978-3-663-03980-8   ISBN 978-3-663-05426-9 (eBook)

DOI 10.1007/978-3-663-05426-9

Copyright, 1921, by Friedr. Vieweg & Sohn, Braunschweig, Germany.

Softcover reprint of the hardcover 1st edition 1921

Inhaltsübersicht.

A. Der elektromagnetische Mechanismus.

I. Voraussetzungen über die Konstitution des Äthers, der Dielektrika, der Metalle und der Elektronen.

Wir geben zunächst kurz nur die nötigsten Voraussetzungen unserer Hypothese, auf die erkenntnistheoretische Begründung derselben in Abschnitt B verweisend.

a) Der Äther ist ein atomistisches Fluidum im Sinne der kinetischen Gastheorie. Massenbewegungen in ihm erfolgen unter Reibung und gehorchen dem Gesetz: „Gleichgerichtete Ströme ziehen sich an — kehrsinnige stoßen sich ab"[1]).

b) Die Dielektrika sind erfüllt von Wirbelgebilden, die Äther bipolar ansaugen und äquatorial abstoßen[2]). Wir wollen ein solches Wirbelgebilde der Fig. 1 a, das z. B. durch Rotation einer Kreisscheibe in Wasser entsteht, im folgenden zeichnen: bei polarer Perspektive nach Fig. 1 b, bei äquatorialer Perspektive nach Fig. 1 c.

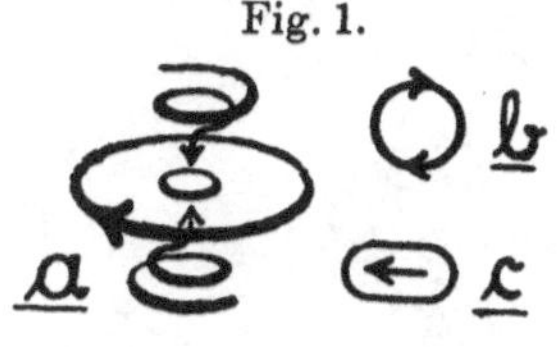

Fig. 1.

Ein Fluß im Äther dreht die ihm anliegenden dielektrischen Wirbel so, daß deren Äquatorialströme ihm gleichgerichtet sind: nach Fig. 2 a, die einen Längsschnitt, und nach Fig. 2 b, die einen Querschnitt des Flusses gibt.

Fig. 2.

Wir heißen diesen Ätherfluß einen „Wirbelkanal".

Im Gegensatz zur Faradayschen Kraftröhre herrscht in ihm gerade umgekehrt longitudinal: Abstoßung, transversal: Anziehung.

---

[1]) Die Kinematik dieser Massenbewegungen siehe in B, III, g) bis i).
[2]) Wir versuchen ein Modell dieses Wirbelgebildes in C, V, Fig. 30.

Denn es fließen die Äquatorialströme der Wirbel der Kanal-
wandung auf den einander zugekehrten Seiten kehrsinnig und
stoßen sich daher ab, während der Ätherfluß im Innern des
Kanals die ihm gleichgerichteten Wirbel der Wandung anzieht.

c) Die Metalle sind erfüllt von einem Wirbelgebilde, das sich
mit dem Wirbelring der Fig. 3a vergleichen läßt. Je zwei derselben legen sich nach Fig. 3b zu
festgekoppelten Paaren koaxial gegenüber[1]).

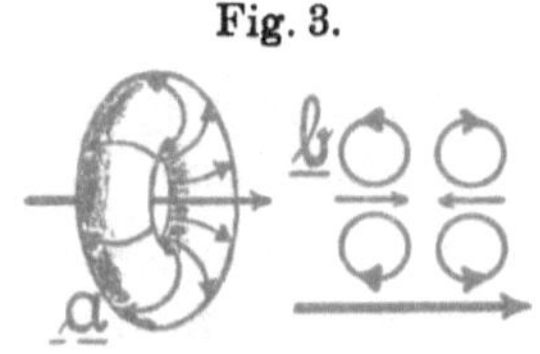

Fig. 3.

Fließt nach Fig. 3b unterhalb eines
solchen metallischen Doppelwirbels ein
Ätherstrom von links nach rechts, so
bremst der letztere den linken Wirbel-
ring und beschleunigt den rechten. Da aber die beiden Ringe
wie Zahnräder ineinander greifen und sich Beschleunigungen und
Verlangsamungen ihrer Rotationsgeschwindigkeit wechselseitig
übertragen, so nehmen sie unter der Einwirkung der unteren
Ätherströmung alsbald eine mittlere gleiche Geschwindigkeit an.

d) Es gibt subatomare Körper, die aus Öffnungen ihrer Oberfläche andauernd allseitig Äther ausstoßen, und ebensolche, die
gleicherweise Äther in sich hinein-
saugen: die positiven und die negativen
Elektronen[2]).

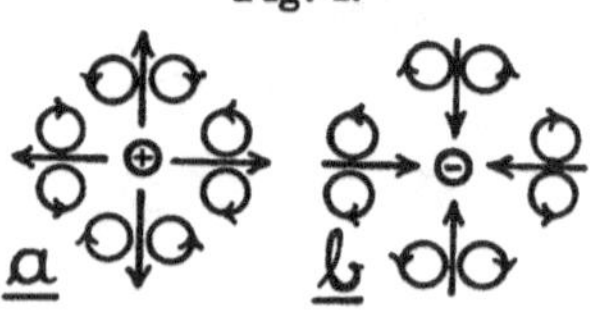

Fig. 4.

Die stellenweise, doch allseitig radiär
ausgestoßenen Ätherströme eines positiven Elektrons bilden im umgebenden

---

[1]) Wir versuchen in C, IV, Fig. 29 ein Modell auch eines solchen
metallischen Doppelwirbels.

[2]) Vielleicht, daß die negativen Elektronen (entsprechend unserer am
Schlusse der Arbeit in Abschnitt D entwickelten Absorptionstheorie der
Gravitation) Äther in sich saugen und in ihrem Innern verdichten zu neuen
Wirbelkristallgebilden, die das negative Elektron zufolge ihrer Eigenbewegung
verlassen, so daß andauernd Äther in das Innere des negativen Elektrons
nachströmen kann. Das positive Elektron im Gegenteil könnte die Fähigkeit
haben, diese im negativen Elektron verdichteten Wirbelgebilde in seinem
Innern wieder aufzulösen und den so frei werdenden Äther andauernd aus
sich herauszustoßen. — Ganz ähnliche Voraussetzungen macht zur Erklärung
des stationären Radialstromes V. Bjerknes in „Die Kraftfelder", S. 133.

dielektrischen Felde geradlinige und unverzweigte Wirbelkanäle der Fig. 2. Wir zeichnen von den sehr vielen dieser Wirbelkanäle eines zentral gelegenen positiven Elektrons in Fig. 4a nur vier schematisch.

Entsprechend bildet sich das Feld des negativen Elektrons nach Fig. 4b.

Im übrigen machen wir die bekannten Annahmen: Das positive Elektron ist fest gebunden an den Kern der chemischen Atome und kann ihn nicht verlassen. Das negative Elektron umkreist den positiven Atomkern planetarisch.

Der Austausch von negativen Elektronen zwischen den Atomen der Nichtleiter ist im Vergleich zu dem zwischen den Atomen der Metalle sehr erschwert[1]).

II. Die Elektrostatik.

a) 1. Wir wollen nun sehen, wie zwei positive Elektronen in einem Dielektrikum sich wechselseitig beeinflussen.

Wir zeichnen in Fig. 5a von den sehr vielen Wirbelkanälen, die rings von jedem Elektron ausstrahlen, nur zwei, die innen links unter 45° zur Verbindungslinie der Zentren der Elektronen fließen. Sie treffen in der Mittelebene aufeinander, so daß die einander zugekehrten Äquatorialströme der beiderseitigen Endwirbel gleichgerichtet sind. Diese Endwirbel ziehen sich deshalb an. Ihre zugehörigen Wirbel-

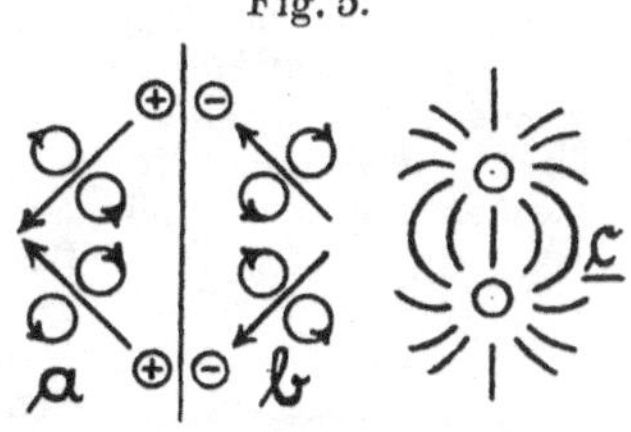

Fig. 5.

kanäle rücken, sich krümmend, nach Fig. 5c in den Raum zwischen den positiven Elektronen, diese auseinander treibend: positive Elektronen stoßen sich ab.

Entsprechende Überlegungen haben statt, wenn nach Fig. 5b zwei negative Elektronen sich gegenüberliegen. Auch hier fließen

---

[1]) Vorgreifend unserer in Abschnitt C gegebenen Theorie der Wirbelkristalle könnte man diesbezüglich daran denken, daß der Fluß der Diagone, darin die Elektronen schwimmen, in den Atomen der Nichtleiter vielleicht unterbrochen ist, wie im Pyramidenzwilling der Fig. 30, in den Atomen der Metalle aber fortlaufend, wie z. B. im Würfelzwilling der Fig. 29.

die beiden Endwirbel gleichsinnig, ziehen sich an, rücken in den Zwischenraum: die negativen Elektronen auseinander treibend[1]).

2. Liegen sich nach Fig. 7 zwei ungleichnamige Elektronen gegenüber, so stoßen sich die Endwirbel der beiderseitigen Wirbelkanäle ab. Die letzteren rücken, sich krümmend, nach Fig. 7 b

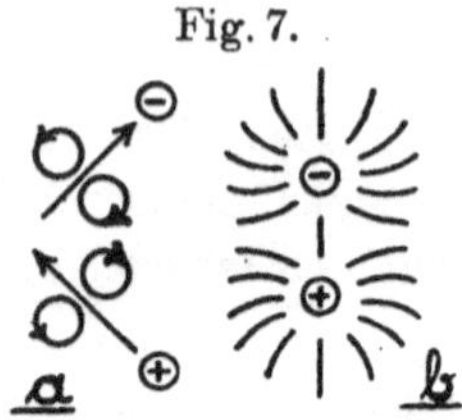

Fig. 7.

aus dem Raum zwischen den Elektronen heraus. Und der äußere Äther drückt die Elektronen gegeneinander: ungleichnamige Elektronen ziehen sich an.

b) Da es in den Metallen die dielektrischen Einzelwirbel nicht gibt, so gibt es im Innern der Metalle auch keine Wirbelkanäle. Dagegen werden solche von den oberflächlich gelegenen Elektronen der metallischen Körper in das umgebende Dielektrikum gesandt.

c) Es ist theoretisch von großer Bedeutung, daß die Wirbelkanäle nicht, etwa wie die Schallstrahlen nach dem Huygensschen Prinzip der Kugelwelle, das Feld des Elektrons kontinuierlich

---

[1]) Man wird geneigt sein, die Abstoßung zwischen zwei positiven Elektronen zu glauben, nicht aber die Abstoßung zwischen zwei negativen Elektronen. Denn im Innenraum zwischen diesen müßte „selbstverständlich" zufolge doppelseitiger Ansaugung der Ätherdruck relativ weit stärker sinken als außenseitlich, daher die negativen Elektronen umgekehrt sich nähern sollten. Wer aus diesen „selbstverständlichen" Gründen die Abstoßung zwischen negativen Elektronen ablehnt, mache den folgenden Versuch: Zwei T-Röhren l und r der Fig. 6 hängen unter Wasser frei beweglich gerade voreinander. Lasse sie von m her durchströmen. So nähern sich l und r. Ebenso ziehen sich beide an, wenn sie in umgekehrter Richtung durchflossen werden, wenn sie also ansaugen. Dagegen findet Abstoßung zwischen l und r statt, wenn das eine ansaugend, das andere ausströmend wirkt. Da in hydromechanischer Analogie die vier Wasserstrahlen der beiden T-Röhren den vier in die Verbindungslinie der Zentren fallenden Wirbelkanälen zweier positiven Elektronen der Fig. 5 c entsprechen, so müßten sich „selbstverständlich" die zwei positiven Elektronen anziehen. Man möge daraus entnehmen, daß zur Erklärung der elektrostatischen Erscheinungen die bisherigen Ätherdrucktheorien keinesfalls genügen. Diese gründeten sich vielmehr bis in die letzte Zeit hinein auf analogisierende Trugschlüsse. Unserer eigenen Wirbeltheorie der Elektrizität dagegen gelang es — und zwar auf Grund der ihr eigentümlichen kinematischen Vorstellungen —, das obige hydrodynamische Paradoxon vorauszusagen.

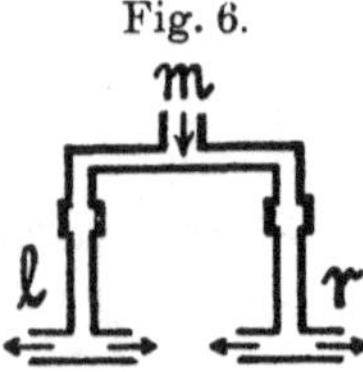

Fig. 6.

erfüllen. Die Zahl der Wirbelkanäle ist vielmehr beschränkt durch die Anzahl der Ausgangs- bzw. der Eingangspforten des Elektrons, von welchen Pforten sie geradlinig und unverzweigt ausstrahlen.

Diese diskontinuierliche Verteilung der Wirbelkanäle ist nun bedeutungsvoll deshalb, weil sie eine präzisierende Korrektur der Maxwellschen Gleichungen und damit eine Verwandlung der letzteren in Bewegungsgleichungen gestatten kann. Lenard ist es, der nachdrücklichst auf diese Bedeutung der Diskontinuität der divergierenden Kraftlinien hinweist in „Über Äther und Materie", 2. Auflage, S. 19—20, 26—27, 30, 34—35.

III. Die Elektrodynamik.

a) Bewegt sich das negative Elektron der Fig. 4b in der Ebene des Blattes von unten nach oben, so wird der Apex-wirbelkanal zusammengedrückt: in Lorentzkontraktion, die seitlichen Kanäle aber krümmen sich rück-wärts: nach Fig. 8.

b) Fließen Elektronen in den Leitern l_1 und l_2 der Fig. 9 von unten nach oben, so krümmen sich die Wirbelkanäle, die sie in das in-zwischen liegende Dielektrikum d_1 senden, nach rückwärts. Die sche-matisch als Halbkreise gezeichneten Wirbel der beiderseitigen Kanäle fließen, wie man sieht, nebeneinander

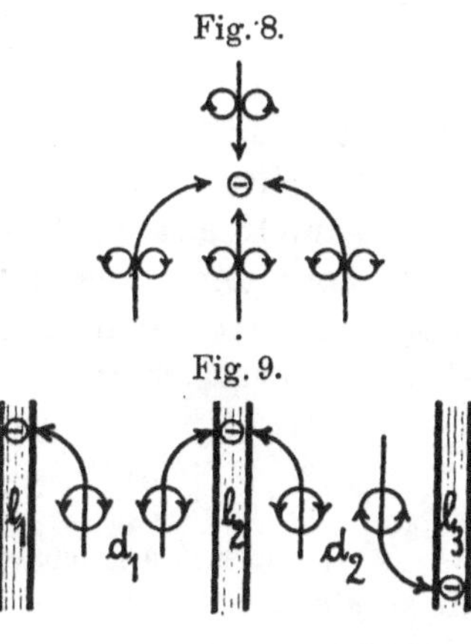

Fig. 8.

Fig. 9.

gleichsinnig, nähern sich deshalb einander und indirekt auch die Leiter l_1 und l_2: „gleichgerichtete Elektronenströme ziehen sich an".

c) Das Dielektrikum d_2 gibt die Lage der beiderseitigen Wirbelkanäle, wenn die Elektronen in l_2 und l_3 entgegengesetzt fließen. Die Wirbel stoßen hier als kehrsinnig einander ab und indirekt auch l_2 und l_3: „entgegengesetzt gerichtete Elektronen-ströme stoßen sich ab".

d) Legen sich nach Fig. 10 (a. f. S.) die Wirbelkanäle der in l_1 aufwärtsfließenden Elektronen im Dielektrikum d an den stromlosen Leiter l_2, der erfüllt ist mit den metallischen Doppelwirbeln der Fig. 3 b, so beschleunigen sie den unteren Ring dieser Wirbelpaare und bremsen den oberen. Es entsteht daher ein induzierter Ätherstrom in l_2, der dem Elektronenstrom im induzierenden l_1 kehrsinnig ist.

Der induzierte Ätherstrom in l_2 nun führt seinerseits Elektronen mit sich, und die beiden Elektronenströme in l_1 und l_2 stoßen sich als kehrläufig ab.

Da die Ringe im metallischen Doppelwirbel nach Art von Zahnrädern gekoppelt sind, beschleunigt der beschleunigte untere

Fig. 10.

Ring den oberen, bis beide gleich schnell wurden: in diesem Augenblick erlischt der Induktionsstrom in l_2.

Solange nun in l_1 der Hauptstrom in unveränderter Stärke fließt, besitzt der obere Ring in l_2 eine größere Energie als der untere, denn er hat die gleiche Geschwindigkeit wie der untere Ring, ist dabei aber von den Wirbelkanälen in d gebremst. Wird daher diese Bremsung — bei einem Abschwellen des Hauptstromes in l_1 — geringer, so erlangt der obere Ring in l_2 über den unteren das Übergewicht und erzeugt so in l_2 wiederum einen Induktionsstrom, der aber diesmal dem Hauptstrom gleichgerichtet ist.

IV. Das magnetische Feld.

a) Umkreist ein negatives Elektron nach Fig. 11 den positiven Kern eines Eisenatomes in der Oberfläche des Nordpoles eines Magnets entgegen der Richtung der Uhrzeiger, so krümmen sich

Fig. 11.

die Wirbelkanäle, die das Elektron in das Dielektrikum vor ihm sendet, nach rückwärts zu Ringen.

Wir heißen einen solchen Ring einen „Wirbelkanalring". Während im Innern desselben der Äther in der Umlaufsrichtung des Elektrons strömt — siehe den starken Pfeilring der Fig. 12 a, die einen Schnitt des Wirbelkanalringes in der Ebene des letzteren gibt —, fließen die Äquatorialströme der einzelnen Wirbel der Ringkanalwand außen entgegengesetzt, so daß also nach Fig. 12 b ein nordmagnetischer Wirbelkanalring — von vorn gesehen — äußerlich in Richtung der Uhrzeiger strömt.

Übrigens hat ein Wirbelkanalring als Ganzes das Bestreben, sich auszudehnen, denn die Wirbel seiner Wandung fließen an den einander zugekehrten Seiten kehrsinnig und stoßen sich ab.

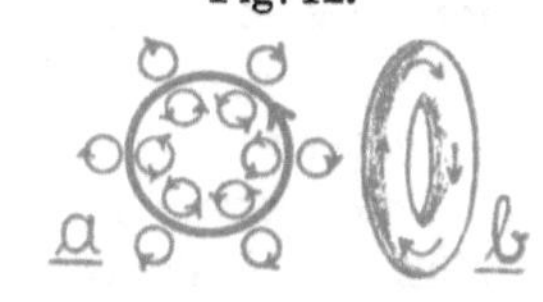

Fig. 12.

b) Im Felde des kreisenden Elektrons legen sich die Wirbelkanäle, z. B. die Wirbelkanäle 1, 2 und 3 der Fig. 13 a, voreinander und daher die aus ihnen entstehenden Wirbelkanalringe linear und parallel gleichfalls voreinander, so nach Fig. 13 b „Wirbelkanalringröhren" bildend.

Fig. 13.

Die einzelnen Wirbelkanalringe einer solchen Röhre fließen an den einander zugekehrten Seiten gleichgerichtet und ziehen sich daher wechselseitig an.

Man sieht, in den Wirbelkanalringröhren herrscht longitudinal: Anziehung, und transversal: Abstoßung. Und so verhalten sie sich offenbar entsprechend den Kraftröhren Faradays und vermögen, genau wie diese, die Konstitution des magnetischen Feldes zu erklären.

V. Das Elektron im magnetischen Felde.

Bewegt sich nach Fig. 14 ein negatives Elektron in einem magnetischen Felde, dessen Wirbelkanalringröhren vom Nordpol vor dem Blatte der Zeichnung zum Südpol dahinter gehen, so fließen die peripheren Wirbelkanalringröhren des magnetischen Feldes kehrsinnig den Wirbelkanälen des Elektrons:

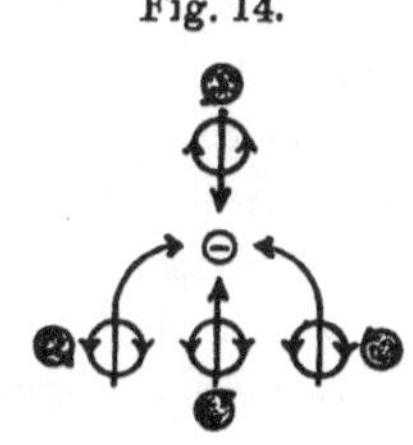

Fig. 14.

vorn: rechts, hinten: links, seitlich: links.

Und die an diesen Punkten entstehenden Überdrucke zwingen das Elektron:

1. zu rotieren, und zwar entgegen der R. d. U., und
2. translatorisch seine geradlig aufwärts gehende Bahn zu verlassen, und zwar in der Richtung nach rechts.

VI. Die elektromagnetische Lichttheorie.

a) Das Elektron ist auch der Erreger der Lichtwellen. Nicht freilich in seiner kreisenden Bewegung um den Atomkern, sondern immer erst dann, wenn es auf dieser Umlaufsbahn durch äußere Einwirkungen gestört wird und beginnt, auf ihr auch noch zu oszillieren.

Wir betrachten zunächst die letztere sinusschwingende Pendelbahn des Elektrons für sich.

Bewegt sich nach Fig. 15 ein bisher ruhendes Elektron in der Ebene des Blattes aufwärts und abwärts, pendelnd, so entstehen in den Wirbelkanälen am Apex und Antiapex Longitudinal-

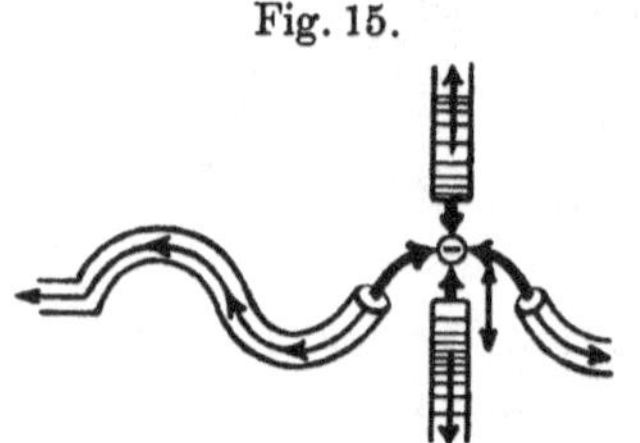

Fig. 15.

wellen, in den seitlichen Wirbelkanälen Transversalwellen. (Solch ein seitlicher Wirbelkanal verhält sich gleichsam wie ein gespanntes Seil, dessen eines Endstück man quer zu seiner Längsrichtung auf und ab schwingt.)

Die Wirbelkanäle vorn und hinten wirken in ihrer Längsrichtung lediglich elektrostatisch, die seitlichen Wirbelkanäle des schwingenden Elektrons dagegen elektrodynamisch: elektrische Wechselströme erregend und durch diese: Lichtstrahlen.

Jeder einzelne dielektrische Wirbel in der Wandung eines seitlichen Wirbelkanals wirkt dabei als Erreger einer Elementarwelle im Sinne der Huygensschen Undulationstheorie. Treffen daher viele einander nahe liegende Wirbel auf ein Medium von elektrisch unterschiedener Dichte, so beschleunigen oder verlangsamen sie sich und bewirken induktiv Reflexion und Brechung ihrer zugehörigen elektromagnetischen Welle in Gemäßheit des Huygensschen Prinzips.

Schwingt das strahlende Elektron parallel zur Einfallsebene, so stehen die zuerst einfallenden Wirbel der Wirbelkanäle auf der Reflexionsebene so, daß:

1. die zentrifugale Äquatorialströmung, d. h. der „elektrische Vektor" des Wirbels in der Einfallsebene fließt (siehe den Wirbel der Fig. 1 b, in welcher die Ebene des Blattes der Zeichnung die Einfallsebene bedeutet), und daß

2. die zentripetale Bipolarströmung, der „magnetische Vektor“ des Wirbels senkrecht zur Einfallsebene steht.

Gerade umgekehrt, wenn das strahlende Elektron senkrecht zur Einfallsebene schwingt (siehe den Wirbel der Fig. 1 c).

Wir heißen den Wirbel der Fig. 1 b parallel, den der Fig. 1 c senkrecht polarisiert.

Die vorstehenden Ansätze unserer neuen elektromagnetischen Lichttheorie mögen hier genügen. Sache der mathematischen Analyse ist es, sie zu entwickeln.

Fig. 16.

b) Da aber neuerdings die klassische Oszillationstheorie des Elektrons in Verruf kam, da sie insbesondere bei der Erklärung des Starkeffektes völlig versagen soll (nach Sommerfeld, „Atombau und Spektrallinien“, S. 440), wollen wir schließlich unsere neue Theorie, die ja auch eine Oszillationstheorie des Elektrons ist, noch an dem normalen Starkeffekt der Linie H_α prüfen. Durch eine Erklärung der neun Komponenten dieses in Fig. 16 gezeichneten Effektes nach Schwingungszahl, Polarisation und Intensität mag sie ihre Arbeitsfähigkeit beweisen.

Zunächst die folgenden Vorbemerkungen:

1. Das Elektron der Fig. 17 a (a. S. 11), das sich nach rechts oben bewegt, liegt unsymmetrisch zu dem starken homogenen elektrischen Felde, dessen Wirbelkanäle horizontal von links nach rechts fließen, und wird gezwungen, sich in die symmetrische Lage der Fig. 17 b einzustellen, denn die Wirbelkanäle des homogenen Feldes richten elektrostatisch den Apexwirbelkanal des Elektrons sich gleich.

Eine zweite symmetrische Gleichgewichtslage ist die der Fig. 17 c, wo das Elektron sich senkrecht zum homogenen Felde bewegt. Hier handelt es sich aber um ein labiles Gleichgewicht: bei Störungen geht auch die Lage der Fig. 17 c über in die der Fig. 17 b.

Das Bestreben nun des Elektrons, sich im homogenen Felde stabil und symmetrisch einzustellen — soweit ihm dies bei einer kreisenden Bewegungsform überhaupt möglich ist —, zwingt das in Fig. 17 d um seinen Kern kreisende Elektron der Linie H_α in die Ebene $loru$ oder in eine solche, die durch Drehung von $loru$ um lr als Achse entsteht: z. B. noch in die Ebene $lhrv$.

Übrigens gilt solche Zwangseinstellung des Elektrons durch das homogene Feld nicht gleicherweise für die geradlinige sinusschwingende Pendelbahn des Elektrons, weil:

    a) die Geschwindigkeit des Elektrons auf dieser Sinusbahn viel größer ist als auf der Umlaufsbahn, so viel größer, daß die Bewegung auf letzterer auch die Geschwindigkeit des Elektrons auf ersterer nicht merklich beeinflußt; und weil

    b) die Störungen, welche die Sinusschwingungen des Elektrons bewirken, immer von neuem erfolgen.

2. Die Kreisbahn des Elektrons der Fig. 17 d wird im homogenen Felde elliptisch deformiert nach Fig. 17 e: es bildet sich bei l ein Aphel, bei r ein Perihel, während bei o und u die Entfernung vom Kern etwa dieselbe bleibt.

3. Beginnt das Elektron auf seiner Umlaufsbahn durch äußere Einwirkungen zu oszillieren, so:

    a) ist die Schwingungszahl um so größer, je kleiner der Abstand vom Kern: bei r am größten, bei l am kleinsten, bei o und u etwa dieselbe, wie im feldfreien Zustand;

    b) bleibt die Richtung dieser Sinusschwingungen beim Umlauf des Elektrons die gleiche: in Fig. 17 e z. B. in den Punkten l, o, r und u stets parallel zu den Kraftlinien des homogenen Feldes;

    c) erfolgen zwar die Schwingungen in allen möglichen Richtungen — und das oszillierende Elektron strahlt in allen diesen Richtungen —, aber aus Gründen der Intensität strahlt das Elektron merklich nur dort, wo sein Feld symmetrisch zum homogenen Felde liegt, d. h. nur dort, wo es parallel oder senkrecht zu den Wirbelkanälen des homogenen Feldes schwingt, und auch in diesen beiden Richtungen nur dort, wo die symmetrische Lage seines Feldes durch die elliptische, revolvierende Bewegung nur ganz geringfügig gestört wird, d. h. nur in der Nähe der Punkte l, o, r, u der Bahn in Fig. 17 e.

Nach diesen Vorbemerkungen deuten wir die Komponenten des normalen Starkeffektes der Linie H_a in folgender Weise:

a) Im Längseffekt. Es strahlen hier natürlich nur solche Elektronen, deren Schwingungsrichtung senkrecht zu den Wirbelkanälen des homogenen Feldes steht, nicht aber solche, die parallel dazu schwingen. Die Linie 0 der Fig. 16 entsteht zweimal in o und u der Fig. 17 e und ist daher weitaus die stärkste. Die Linie 1 (rechts) entsteht bei r, die Linie 1 (links) bei l. Denn jene hat bei dem kleineren Abstande ihres Ursprungsortes vom Kern eine höhere, diese umgekehrt bei größerem Abstande eine kleinere Schwingungszahl als die normale. Polarisiert ist keine der Komponenten, weil die Oszillationen der Elektronen in allen möglichen Richtungen einer die homogenen Wirbelkanäle senkrecht schneidenden Ebene erfolgen.

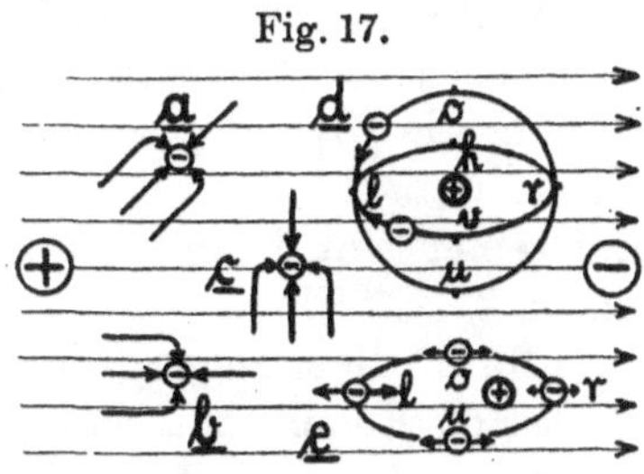

Fig. 17.

b) Im Quereffekt. Die Elektronen, welche die drei unpolarisierten Komponenten des Längseffektes bewirken, müssen hier parallel polarisiertes Licht erzeugen, dagegen die in Richtung der homogenen Wirbelkanäle schwingenden Elektronen senkrecht polarisiertes Licht.

Die parallel polarisierten Komponenten haben die gleichen Schwingungszahlen wie im Längseffekt. Und diese Schwingungszahlen weichen nur wenig von der normalen ab, weil die Geschwindigkeit der senkrecht zu den homogenen Wirbelkanälen erfolgenden Sinusschwingungen des Elektrons durch das elektrische Feld unbeeinflußt bleibt, und weil die Schwingungszahlen daher lediglich durch den Abstand des Elektrons vom Kern bedingt werden.

Nicht ebenso bei den senkrecht polarisierten Komponenten 2, 3 und 4 der Fig. 16. Das Elektron, das sie — in Richtung der homogenen Wirbelkanäle schwingend — erzeugt, wird auf seiner Bahn von rechts nach links durch das elektrische Feld beschleunigt und von links nach rechts verlangsamt. Die Wellenlänge seiner Strahlung ist daher dort kürzer und hier länger im Vergleich mit jener Wellenlänge, die es auf einer senkrecht zu den homogenen Wirbelkanälen erfolgenden Schwingungsbahn erzeugt.

Die elektrostatische Beschleunigung bzw. Verlangsamung des pendelnden Elektrons wird in o und u der Fig. 17 e am stärksten sein, weil in diesen Punkten sein Apexwirbelkanal genau in die Richtung der homogenen Wirbelkanäle fällt, in r und l dagegen geringer, weil hier der Apexwirbelkanal durch die elliptische revolvierende Bewegung des Elektrons aus jener genau parallelen Richtung um etwas abgelenkt wird.

Weiter, diese Ablenkung des Apexwirbelkanals durch die Revolution des Elektrons ist in r stärker als in l, weil dort im Perihel die Umlaufsgeschwindigkeit des Elektrons größer ist. Die elektrostatische Beschleunigung bzw. Verlangsamung des Elektrons auf seiner Sinusbahn wird daher umgekehrt in r schwächer sein als in l.

Nach allem zeigen die größten Aufspaltungen die in o und u erzeugten Komponenten (4), die kleinsten Aufspaltungen die in r erzeugten Komponenten (2), die in l erzeugten Komponenten (3) eine mittlere Aufspaltung.

B. Erkenntnistheoretische Grundsätze.

I. Die hylomechanische und die dynomechanische Weltanschauung.

Das Ideal der klassischen Mechanik: alle Naturerscheinungen als Bewegungsvorgänge dreidimensionaler Stoffteilchen zu erklären, befriedigt das Kausalitätsbedürfnis des gemeinen Verstandes am meisten. Doch nicht restlos. Denn die Erkenntnistheorie beweist die Nichtigkeit des Begriffes „Stoff".

In der Tat zeigt die Physiologie, wie der Verstand aus zahllosen Druck-Kraft-Empfindungen der Tastkörperchen in Haut, Sehnen und Gelenken assoziativ erst ein dreidimensionales Raumgebilde aufbauen muß: ein Raumgebilde, das unter der Schwelle des Bewußtseins zufolge der abstoßenden Druckkräfte erfüllt und undurchdringlich, das ist „stofflich" vorgestellt wird.

Der Stoff verflüchtigt sich so, kritisch untersucht, in Kräfte. Raum und Undurchdringlichkeit sind, wie Farben und Töne auch, rein zufällige, durch unsere Sinnesorgane bedingte Vorstellungen der Naturkörper. Sogar das dreidimensionale an ihnen ist gleicherweise Verstandeswerk.

So unzweifelhaft das ist, so vermag die physiologische Erkenntnistheorie die Unmöglichkeit der hylomechanischen Weltanschauung für sich allein nicht zu beweisen, denn es besteht ja — trotz Kant — immer noch die Möglichkeit, daß ein „Ding-an-sich", obschon es nicht notwendig stofflich sein muß, doch stofflich sein könnte.

Erst der metaphysischen Erkenntnistheorie gelingt es, die Untatsächlichkeit der Hylomechanik nachzuweisen, indem sie zeigt, daß die Entstehung lebendigen Geistes aus Bewegungsformen toten Stoffes denkwidrig bleibt, und seien diese Bewegungsformen noch so verworren und verwickelt.

Und doch: geistige Funktionen sind augenscheinlich verknüpft mit dem „Stoff" der Nervensubstanz. Wir sehen die Seele mit dem Gehirn des Kindes wachsen, im Manne blühen, im Greise welken. Der Idiot zeigt ein verkümmertes Gehirn. Zerstörungen der Nervensubstanz bewirken Lähmungen. Gifte, z. B. Alkohol, durch das Blut den Zellen der Großhirnrinde zugeführt, erregen in gesetzmäßiger chemischer Reaktion Wahnvorstellungen.

Wir kommen also zu den beiden Gegensätzen: Geist und bewegter Stoff sind wesenseins — erfahrungsgemäß. Und doch: Geist und bewegter Stoff sind wesensuneins — denknotwendig.

Diese Gegensätze zwingen uns zu dem Schluß, daß der Stoff nicht nur das ist, was er scheint, ein Raumerfüllendes, sondern mehr: daß ein vorgestelltes Bild in unserem Geiste mit dem zugehörigen Gegenstand der Außenwelt sich nicht deckt; daß ein Ding-an-sich, welches unsere Sinneseindrücke veranlaßt, nicht nur ein raumerfülltes Etwas, sondern ein völlig unerkanntes, vielleicht nicht zu erkennendes ist.

Die Nichtigkeit des Begriffes „Stoff", die sich so erkenntnistheoretisch ergibt, bedingt nun auch die Nichtigkeit der hylomechanischen Weltanschauung. Diese hat an sich durchaus keinen Vorzug vor der dynomechanischen Anschauung. Im Gegenteil: die letztere, welche die Welt der Erscheinungen durch das Wechselspiel abstoßender bzw. anziehender dimensionsloser Punkte erklären will, ist erkenntnistheoretisch sogar die ursprünglichere.

Freilich, der Begriff des Stoffes wird stets anschaulicher sein als der der Kraft. Die Eigentümlichkeit unseres Geistes verlangt nun einmal unwillkürlich nach einem stofflichen Träger der Kraft, und erst die mechanisch-materialistische Erklärung der Naturerscheinungen pflegt unser gemeinsames Kausalitätsbedürfnis restlos zu befriedigen.

Weil nun die Dynomechanik vor dem Rätsel von der Entstehung des Geistes genau so versagt wie die Hylomechanik auch, so kann man erkenntnistheoretisch die materialistische Weltanschauung verwerfen und doch, da nun einmal das Wesen der Dinge-an-sich unmittelbar nicht zu erkennen ist, in Ermangelung eines besseren die Erklärung der Naturerscheinungen auf die Annahme einer Stofflichkeit der Körperwelt gründen. Denn die materialistische Weltanschauung hat vor anderen den Vorzug der Anschaulichkeit.

Nach allem: die hylomechanische Weltanschauung ist nichtig, doch sie ist wichtig!

II. Die Unmöglichkeit des Kontinuums.

Der Begriff des „Stoffes" ist bisher nicht eindeutig. Es gibt zwei unterschiedene Vorstellungen darüber.

Die einen legen dem Stoff zwei wesentliche Eigenschaften bei: die Raumerfüllung, welche verhindert, daß zwei Körper zu gleicher Zeit am gleichen Orte sich befinden können, und die Undurchdringlichkeit. — So ist man offenbar gezwungen, den Stoff atomistisch, diskontinuierlich zu fassen, weil bei der Annahme: der Stoff erfülle allen Raum lückenlos als ein starres Kontinuum, es eine Bewegung nicht geben könnte.

Die anderen sagen: der Stoff hat nur die eine wesentliche, denknotwendige Eigenschaft der Raumerfüllung. — So erscheint die Annahme eines Kontinuums möglich, denn die Teile darin könnten sich, wie man meinte, bewegen gleich einem Fisch, der hinter sich einen leeren Raum schafft, wohin die vorn verdrängten Wasserteile ausweichen.

Bisher hatten die atomistische und kontinuierliche Anschauung erkenntnistheoretisch Gleichberechtigung. Doch läßt sich in dem hier folgenden Gedankengang die kontinuierliche Auffassung ausschließen: das Kontinuum ist, da es den Raum völlig erfüllt, wenn schon durchdringlich und reibungslos, so doch — denknotwendig — inkompressibel. Ein Körper nun, der sich in ihm bewegen wollte, müßte an seinem Vorderteil dasselbe, wenn auch noch so geringfügig, zusammenpressen. Denn erst dann, wenn der Körper sich um etwas von seinem ursprünglichen Platz entfernt hat, vermag die vorn verdrängte Flüssigkeit nach der am Hinterteil entstehenden Leere auszuweichen. Das Kontinuum läßt sich aber, wie eben bemerkt, auch nicht im geringsten zusammendrücken. Seine ideale Flüssigkeit hätte also nicht irgendwelchen Raum, wohin sie vor dem andrängenden Körper ausweichen könnte.

Es sei denn, diese Flüssigkeit besäße eine freie Oberfläche, deren Grenzen erweiterungsfähig wären, wie z. B. die Oberfläche des Wassers in einem Trinkglase. Die letztere Möglichkeit läßt sich aber ausschließen, weil — bei der Ewigkeit der Welt — anders längst alle bewegten Teile aus dem begrenzten Weltfluidum in den unendlichen Raum entflohen sein würden, so wie das Wasser des Glases allmählich verdunstet.

Wir sehen also: in dem kontinuierlichen Weltfluidum, das reibungslos völlig durchdringlich ist, wäre doch Bewegung unmöglich, weil es inkompressibel ist. — Und von den beiden Vorstellungen über den Stoff bleibt nur die atomistische bestehen.

III. Die hylomechanische Atomistik.

a) Die Atome besitzen lediglich die eine wesentliche Eigenschaft der Raumerfüllung, die gleichbedeutend ist mit Undurchdringlichkeit. Individuell unterscheiden sich die Atome nach Größe und Gestalt. In Ruhe äußert das Atom keinerlei Kraft. Von außen durch ein anderes bewegtes Atom gestoßen, bewegt es sich geradlinig und gleichförmig voran und setzt einer Änderung dieses Bewegungszustandes — durch ein drittes Atom — eine Kraft entgegen, die proportional ist seiner Größe, und die mit zunehmender Geschwindigkeit progressiv wächst.

b) Die meist befriedigende, weil einfachste Hypothese ist, anzunehmen, daß es nur eine Art von Uratomen derselben Größenordnung gibt, und daß alle unterschiedenen Stoffgebilde sich aus dem Grundbaustein eines solchen Uratoms zusammensetzen.

c) Im Innern der komplizierten Stoffgebilde müssen offenbar zwischen den durch leere Räume getrennten Sonderteilen anziehende und abstoßende Kräfte herrschen, denn sonst würden diese Sonderteile sich widerstandslos auseinander- bzw. zusammendrängen lassen, während jene Stoffgebilde doch fest bzw. elastisch sind. Diese scheinbaren Fernkräfte dürfen wir aber keineswegs schon den Uratomen selber beilegen, weil ein Körper immer nur dort wirken kann, wo er ist. So wirken die Uratome aufeinander nur bei Berührung, indem sie im Stoß ihre Bewegungszustände wechselseitig beeinflussen.

d) Keine Naturkraft ist vom hylomechanischen Standpunkt aus denkbar als der Stoß der Atome. Wenn man den Atomen andere Kräfte beilegen will, z. B. Anziehungs- und Abstoßungskräfte verbunden mit den Eigenschaften der Durchdringlichkeit oder der Elastizität, so wäre es wohl möglich, daß eine folgerichtige Erklärung der Naturerscheinungen auf Grund dieser Annahmen gelingt. Nur ist eine solche metaphysische Atomistik nicht mehr hylo-, sondern dynomechanisch.

In dem Augenblick aber, wo es der hylomechanischen Atomistik gelingt, jene anderen komplizierten Kräfte zurückzuführen auf die Einheit einer einfachsten Urkraft im Stoß der Uratome, wird man jene Vielheit fallen lassen, denn unser systematisierendes Kausalitätsbedürfnis will die Einfachheit letzter selbstverständlicher Prinzipien. Die Stoßkraft der Uratome ist ein solches Prinzip, da es unmittelbar zurückleitet auf die Urempfindung aller körperlichen Vorstellung: auf den Druck.

Der Stoß der Uratome kann selbstverständlich nur ein unelastischer sein.

e) Dieser unelastische Stoß der Uratome, den die Erkenntnistheorie unabweisbar fordert, stand nun bisher im offenbaren Widerspruch mit einem empirisch gewonnenen Grundgesetz der Natur: dem Gesetz von der Erhaltung der Kraft.

Zum Beispiel: Trifft ein kugeliges Atom von der Masse $m = 1$ und der Geschwindigkeit $v' = 10$ im geraden Stoß auf ein anderes von $m = 1$ und $v'' = 0$, so ist nach der bisherigen Anschauung die Geschwindigkeit beider nach dem Stoß $c = 5$. Die Summe der lebendigen Kraft beider Atome vor dem Stoß war $s = 50$; diese Summe nach dem Stoß ist nur $S = 25$ [1].

Oder: Trifft ein Atom von $m = 1$ und $v' = 10$ auf ein anderes von $m = 1$ und dem gleichgerichteten $v'' = 4$ im geraden Stoß, so ist $c = 7$. Es war $s = 58$, und es ist $S = 49$.

---

[1] $c = (m' v' + m'' v'')/(m' + m'')$; $s = \frac{1}{2} m' v'^2 + \frac{1}{2} m'' v''^2$.

Noch ein drittes Beispiel: Zwei Atome von den gleichen $m = 1$ und den gleichen, doch kehrsinnigen $v = 10$ begegnen sich im geraden Stoß. So wird $c = 0$. Es war $s = 100$, S aber wird $= 0$.

Und so würde nach dem Carnotschen Theorem in jedem Fall des unelastischen Stoßes der Uratome deren kinetische Energie gemindert werden, ohne sich in andere Energie, z. B. in Wärme, transformieren zu können. Die Uratome, die sich allerorten und jederzeit im unelastischen Stoß treffen, müßten allesamt zur Ruhe kommen, der Fluß der Welt erstarren, und zwar nicht erst im Verlaufe von Äonen, sondern nach ganz kurzer Zeit.

f) Die fundamentale Bedeutung, die der unelastische Stoß der Uratome so für die Erkenntnistheorie gewinnt, drängt zu fragen: die Gesetze vom unelastischen Stoß, durch Erfahrung an ponderablen Körpern gewonnen, überträgt man sie auf den Stoß der Uratome zu Recht?

Diese Frage ist zu verneinen auf Grund folgender Überlegung: die Trägheit ist eine Masseneigenschaft, die wir erfahrungsgemäß ableiten von Atomgebilden, die noch in sich selber, z. B. zyklisch, bewegt sind: von den Weltkörpern herab bis auf die Elektronen. Den absolut ruhenden Uratomen aber wohnt sie — denknotwendig — keineswegs inne. Vielmehr, die Ruhmasse eines Uratoms ist $= 0$. Und erst das in Bewegung geratene Uratom erhält ein Beharrungsvermögen, indem es seinen Weg geradlinig gleichförmig ins Endlose fortsetzt und Änderungen seiner Bahn widersteht.

Unter dieser Voraussetzung würden in den beiden ersten der obigen Beispiele nach dem Stoß alle Atome mit $c = 10$ voranschreiten. s würde von 50 bzw. 58 auf $S = 100$ anwachsen. Im dritten Beispiel verlieren zwar die beiden Atome gleichfalls alle kinetische Energie. Würde aber dann auf die beiden zur Ruhe gekommenen Atome ein drittes von $m = 1$ und $v = 10$ im geraden Stoß treffen, so müßten nach dem Stoß alle drei Atome mit $c = 10$ voranschreiten, d. h. die Summe der lebendigen Kräfte der drei Atome, die vor dem Stoß 1×50 betrug, wäre nach dem Stoß $3 \times 50 = 150$ geworden.

Man sieht: der unelastische Stoß der Uratome vermag nach unserer neuen Auffassung kinetische Energie sowohl zu vernichten als auch neu zu schöpfen! Das Prinzip von der Erhaltung der Kraft kann auch bei ihm nach der Wahrscheinlichkeitsrechnung gewahrt bleiben.

Unsere neue Auffassung vom unelastischen Stoß der Uratome nun ist, so paradox sie anfangs erscheinen wird, und so simpel sie im Grunde ist, für die Erkenntnistheorie von fundamentalster Bedeutung. Die bisherige Auffassung dieses Stoßes war unvereinbar mit dem Gesetz von der Erhaltung der Kraft. Die mechanische Weltanschauung gründete sich auf einen offenbaren Widerspruch. Und allererst durch unsere neue Auffassung ist die hylomechanische Atomistik erkenntnistheoretisch möglich geworden.

g) Die Uratome bewegen sich an jeder einzelnen Stelle des Raumes in allen nur möglichen Richtungen durcheinander. Das will heißen: an jeder Stelle des Raumes treffen gleichzeitig allseitig genau so viele Uratome ein, als allseitig auch wieder abgehen.

Fig. 18 a, b zeigt die Bahnen der Atome um benachbarte Raumpunkte in nur einer der vielen Ebenen und in nur vier zueinander senkrechten Richtungen.

Bei Voraussetzung dieser atomistischen Bewegungsform würde der Äther — so nennen wir das Gas der Uratome — als Ganzes in Ruhe verharren. Eine Massenbewegung des Äthers dagegen findet statt, wenn die Dichtigkeit seiner Atome stellenweise wechselt. Es strömen dann offenbar von Räumen, wo die Dichte der Atome übernormal groß ist, dieselben allseitig ab. Und es strömen zu Räumen, deren Dichte unternormal ist, allseitig Atome hinzu, bis ein Gleichgewichtszustand hergestellt ist.

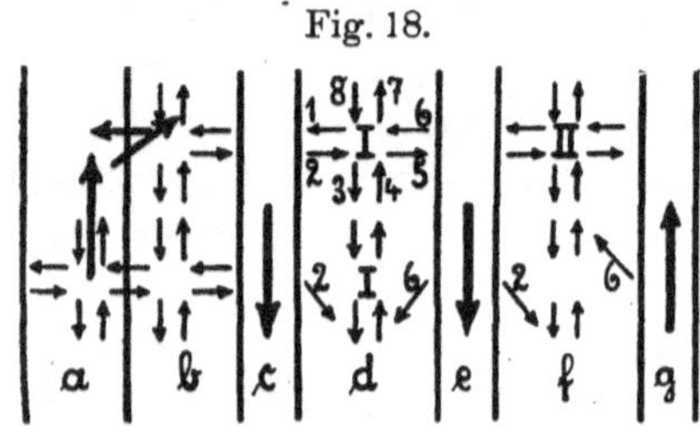

Fig. 18.

h) Der Vorgang der Reibung bei Massenbewegung im Äther erklärt sich nach Fig. 18, a und b. Der Äther sei in a in Bewegung nach oben, in b in Ruhe. Die Atome, die von b nach a treten, verlangsamen die Randteile der Ätherströmung in a. Umgekehrt: die von a nach b übertretenden Atome reißen die angrenzende, ruhende Schicht nach oben.

i) Zwei Ätherströme, die parallel nebeneinander fließen, gehorchen den beiden hydromechanischen Grundgesetzen:

1. Die gleichgerichteten Ströme c und e der Fig. 18 ziehen sich an, sich wechselseitig verstärkend. Nämlich der Punkt I in d oben ist im Gleichgewicht, wenn der Äther in c und e ruht, nicht dagegen, wenn der Äther in c und e in Massenbewegung nach unten begriffen ist. In diesem Falle werden — siehe d unten — die Atome 1 und 5 unter Reibung in c und e eingetreten sein. 2 und 6 dagegen, weil aus c und e austretend, werden ihren Vorläufern 5 und 1 nicht mehr folgen, sondern wegen ihrer abwärts gerichteten Stromgeschwindigkeit schräg nach unten gehen. Inmitten treffen 2 und 6 aufeinander und werden c und e parallel. Die Folge ist: a) die Reibung auf der Innenseite von c und e hört auf, beide Ströme beschleunigen sich daher; und b) die auf der Außenseite von c und e senkrecht eintretenden Atome haben auf der Innenseite keine Gegner mehr und pressen c und e näher zusammen.

2. Die kehrläufigen Ströme e und g der Fig. 18 stoßen sich ab, sich wechselseitig schwächend, während zwischen ihnen Wirbel entstehen, deren Stromrichtung beiderseits dem anliegenden Ätherstrom gleichgerichtet ist. Nämlich wie im ersten Fall treten Atom 1 und 5 des Punktes II in f der Fig. 18 in e und g ein. 2 und 6 aber, das eine schräg abwärts, das andere schräg aufwärts gerichtet, bilden einen Wirbel um II. Die Atome dieses Wirbels treten nun zwar in e und g ebenfalls in allen möglichen Richtungen ein, aber mit durchschnittlich erhöhter Geschwindigkeit. Sie verstärken daher auf der Innenseite von e und g die Reibung, die Ströme so verlangsamend, und überwinden den Druck ihrer äußeren Gegner, die Ströme so auseinandertreibend.

C. Die Theorie der Wirbelkristalle

I. Der Urwirbelring.

Im Äther befinden sich überall Wirbelringe von der Form der Fig. 3 a.

Man kann einen solchen Ring, wenn man will, am Anfang entstanden denken dadurch, daß ein Massenbezirk im Äther eine fortschreitende Bewegung erhielt. Dann mußte diese Äthermasse, wie die Rauchmasse, die der Tabakraucher aus dem Munde stößt, alsbald die Form eines Wirbelringes annehmen.

Ein solcher Ring strömt innen in Richtung der fortschreitenden Bewegung des Ringes, außen aber entgegengesetzt. Auch die Umgebung wird durch den Ring in Bewegung gebracht, so daß er — für sich allein und in einem ruhenden Mittel —, sich stets weiter ausdehnend, dabei in seiner Energie erschlaffend, allmählich vergehen wird.

Fig. 19.

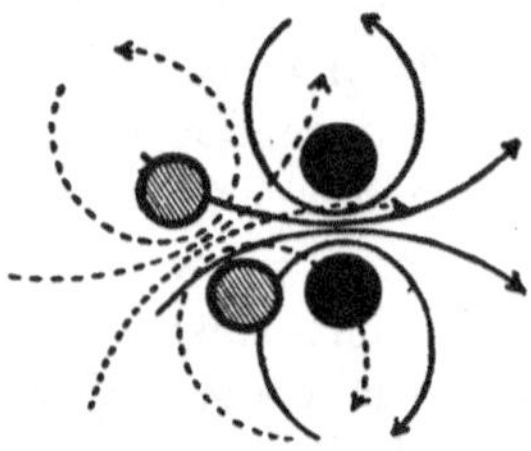

In Wechselwirkung aber mit seinesgleichen kann er bestehen. Z. B. von zwei Ringen, deren Bahnlinien sich in einem Punkte schneiden, wird derjenige, der diesen Schnittpunkt zuerst passiert, nach der Bahnlinie des anderen zu abgelenkt: Durchmesser und Energie desselben nehmen zu, seine translatorische Geschwindigkeit ab. — Der andere Ring wird in demselben Sinne abgelenkt: Durchmesser und Energie desselben nehmen ab, seine Geschwindigkeit zu.

Diese in mathematischer Analyse gefundenen Sätze ergeben sich, wenn wir in Fig. 19 die Stromlinien der beiden Ringe superponiert zeichnen, anschaulich: die einander näheren rechten Seiten der beiden Ringe beschleunigen sich wechselseitig in Druck bzw. Zug stärker als die einander ferneren linken Seiten. Die Ringe werden daher nach links abgelenkt. — Die gestrichelten Stromlinien des hinteren Ringes erweitern in Druck den vorderen, ihn so verlangsamend. Umgekehrt, die ausgezogenen Stromlinien des vorderen Ringes verengern in Zug den hinteren, ihn gleichzeitig beschleunigend.

II. Die Zyklone und Antizyklone.

Die Wirbelringe erhalten, z. B. durch wechselseitigen Stoß, Rotation um eine in ihre fortschreitende Richtung fallende Achse. Dann fließen die bisher meridianen Wirbelströme in Spiralbahn, und zwar von vorn gesehen:

1. entgegen der Richtung der Uhrzeiger (Fig. 20a) — wir heißen diese Ringe „Zyklone"; oder
2. in Richtung der Uhrzeiger (Fig. 20b) — als „Antizyklone".

Ist die Rotationsgeschwindigkeit eines Zyklons sehr groß, so fließen außen die Wirbelströme statt meridian fast äquatorial, und wir können ihn nachfolgend als Kreisscheibe bezeichnen.

Fig. 20.

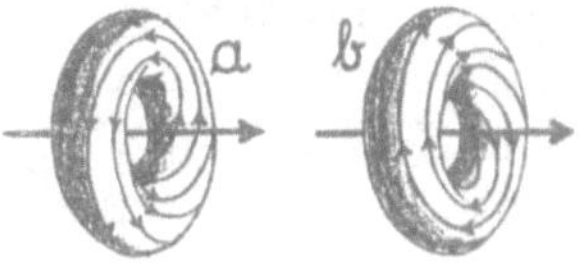

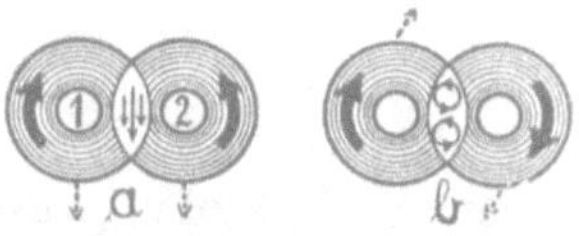

a) Es gelten nun die Gesetze:
1. Liegen nach Fig. 21a ein Zyklon und ein Antizyklon in derselben Ebene nebeneinander, so:

Fig. 21.

α) ziehen sie sich an;
β) bewegen sich beide translatorisch senkrecht zur Verbindungslinie ihrer Zentren in der Stromrichtung der einander zugekehrten Wirbelhälften;
γ) entsteht zwischen ihnen eine wirbelfreie Mittelströmung.
2. Liegen nach Fig. 21b zwei Zyklone (oder Antizyklone) in derselben Ebene nebeneinander, so:
α) stoßen sie sich ab;
β) bewegen sich beide translatorisch in Revolution um den Mittelpunkt der Verbindungslinie ihrer Zentren, und zwar ist der Sinn dieser Revolution gleichsinnig der Rotation der Wirbel;
γ) bilden sich zwischen ihnen sekundäre Wirbel, die einander gleichsinnig, den primären Wirbeln aber kehrsinnig sind.

b) Treffen nach Fig. 22a der Zyklon 1 und der Antizyklon 2 schief aufeinander, so schneiden sie sich, und an der Schnittlinie entsteht — nach C, II, a, 1., γ — eine neue, wirbelfreie

Mittelströmung, die in einer Kraftdiagonalebene fließt, und die wir „Diagon" heißen.

Anders, wenn nach Fig. 22 b zwei Antizyklone (oder Zyklone) ineinander branden. Hier kommt es — nach C, II, a, 2., γ — zur Bildung von sekundären Wirbeln an der Schnittlinie. Wir heißen diese Wirbelgebilde einen „Antigon", und wir zeichnen in den folgenden Figuren zwecks besserer Anschaulichkeit seinen zugehörigen Halbmond, im Gegensatz zu dem des „Diagons", nicht.

Fig. 22.

Dem Paar der Fig. 22 a nähere sich ein weiterer Zyklon 3, so daß die Achsen der drei Wirbel in derselben Ebene Winkel von 120° untereinander machen. Dann entsteht zwischen Antizyklon 2 und Zyklon 3 ein Diagon, zwischen den Zyklonen 1 und 3 aber ein Antigon, dessen Halbmond, wie gesagt, nicht gezeichnet ist: Fig. 22 c.

III. Der Aufbau der Wirbelkristalle.

Nach Fig. 23 ordnen sich zwei Zyklone, abd und cbd, bzw. zwei Antizyklone, bac und dac, zuerst räumlich so, daß sie die Flächen eines allseitig abgeschlossenen Raumes bilden: der erste Kristall entsteht im Tetraeder der Fig. 23 a (Vorderansicht) und der Fig. 23 b (Draufsicht).

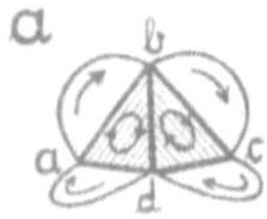

Fig. 23.

Die Gegenkanten bd und ac des Tetraeders sind antigonal. Die vier anderen Kanten werden von Diagonen umflossen, und zwar so, daß die Diagone das Tetraeder fortlaufend umströmen.

Fig. 24.

Dabei ist die Richtung an den antigonalen Kanten nur eine lockere, weil die Wirbel in ihnen — nach C, II, a, 2., α — sich abstoßen.

Heißen wir die antigonalen Kanten „ungesättigt" und die Bindungen derart „Valenzen", so hat das Tetraeder zwei Valenzen.

Die eine derselben, bd, sättige sich durch einen weiteren Antizyklon. So entsteht die tetragonale Pyramide der Fig. 24 a (Seitenansicht) und der Fig. 24 b (Draufsicht).

Auch die tetragonale Pyramide wird von sechs Diagonen fortlaufend umflossen und besitzt in ihren Antigonen zwei Valenzen.

Legt sich dagegen ein dritter Antizyklon nicht auf eine Kante, sondern setzt sich auf eine Ecke des Tetraeders, z. B. auf *b*, so entsteht das dreiseitige Prisma der Fig 25a, das gleichfalls von sechs Diagonen fortlaufend umflossen wird, das aber drei Antigone bzw. Valenzen besitzt.

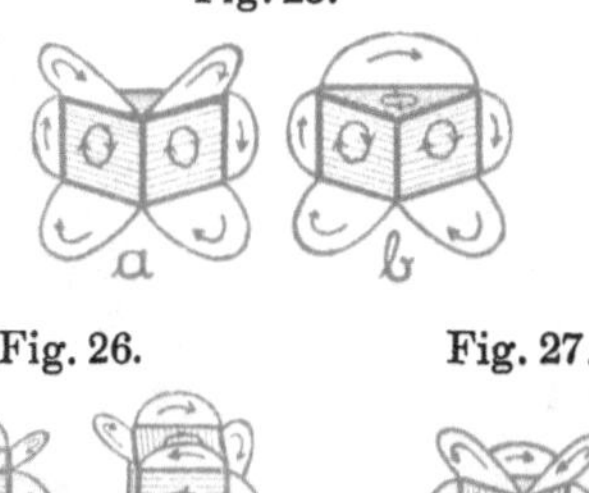

Fig. 25.

Fig. 26.   Fig. 27.

Setzt sich ein Antizyklon auf die Spitze der tetragonalen Pyramide, so wird der Würfel der Fig. 26 a (Vorderansicht) und der Fig. 26 b (Seitenansicht).

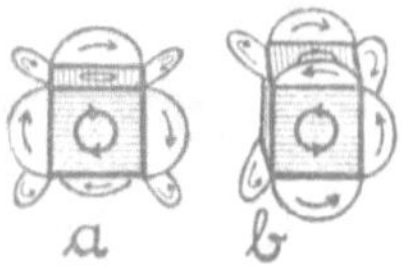

Durch Sättigung der bleibenden Valenzen komplizieren sich unsere Wirbelkristalle stets mehr.

Sie scheiden sich dabei in zwei Hauptgruppen: in spitze pyramidale und in stumpfe prismatische Kristalle.

In der Mitte zwischen beiden Hauptgruppen steht das Tetraeder — ähnlich, wie im periodischen System zwischen metalloiden und metallischen Elementen der Kohlenstoff steht.

Eine besondere Gruppe bilden diejenigen Wirbelkristalle, deren Kanten allesamt Diagone haben, wie z. B. das Oktaeder der Fig. 27. Weil ohne Antigone, besitzen diese überhaupt keine Valenz und vergleichen sich so den chemisch trägen Elementen, die der Heliumgruppe des periodischen Systems angehören.

Hätte sich statt des Antizyklons in Fig. 25 a ein Zyklon auf die Ecke des Tetraeders der Fig. 23 gesetzt, so wäre der Kristall der Fig. 25 b entstanden. Man sieht das Prisma der Fig. 25 a, nur daß es statt sechs Diagone deren fünf und statt drei Valenzen deren vier besitzt. Offenbar ist Fig. 25 a eine stabilere Form als die labile der Fig. 25 b. Die beiden Prismen, welche die gleiche Anzahl Wirbel, nur in verschiedener Gruppierung haben, sind gleichsam einander „chemisch isomer".

Statt neue Zyklone an den Kanten und Ecken aufzunehmen und · sich so mehr und mehr abzustumpfen, können sich die Wirbelkristalle komplizieren auch dadurch, daß sie ihre Flächen schichtenweise mit neuen Zyklonen belegen.

IV. Die Bindung der Wirbelkristalle untereinander.

Statt neue Wirbel aufzunehmen, können die Kristalle sich auch untereinander binden, und zwar auf dreierlei Weise. Es setzt sich Kante auf Kante, oder Ecke auf Ecke, oder Fläche auf Fläche.

Wir betrachten als einfachstes Beispiel die Bindung zwischen Tetraedern. Legen sich zwei derselben mit ihren entsprechenden

Fig. 28.

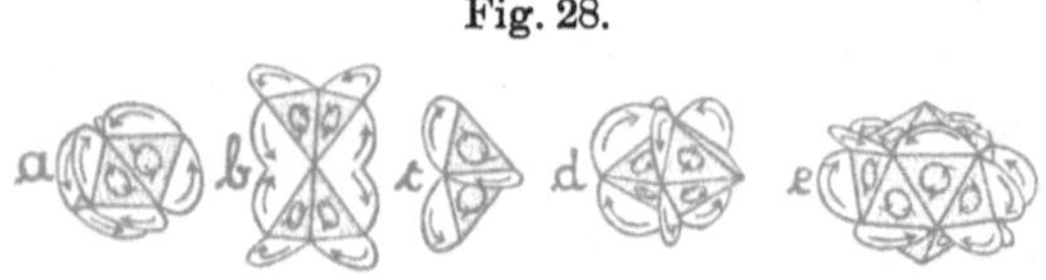

Antigonen gegeneinander, so wird die Fig. 28 a; setzen sie sich mit ihren Ecken aufeinander, so wird Fig. 28 b; wenn miteinander entsprechenden Flächen, so Fig. 28 c.

Verbinden sich mit dem Paar der Fig. 28 c drei weitere Tetraeder, so entsteht der 10-Flächner der Fig. 28 d. Und der nächst höhere, in sich geschlossene Komplex dieser Bindungsart ist der 20-Flächner der Fig. 28 e, an dem bemerkenswert ist, daß seine Diagone ihn nicht mehr fortlaufend umströmen.

Analogisierend heißen wir den 10-Flächner und 20-Flächner, die beide eine verschiedene Anzahl — sagen wir — (chemisch) gleicher Teilmoleküle in größeren (physikalischen) Verbänden haben, einander „physikalisch isomer".

Eine solche Bindung zwischen gleichartigen Wirbelkristallen zeigt auch der Würfelzwilling der Fig. 29. Wir verwiesen auf ihn

Fig. 29.

in A, I, c als ein mögliches Modell unseres metallischen Doppelwirbels.

Und in der Tat: fließt — von links gesehen — eine Ätherströmung unter dem Zwilling von links nach rechts, so stößt sie den rechten unteren Diagon des linken Würfels als kehrsinnig ab und dreht den linken Würfel um 45°. Da der rechte Würfel mit dem linken fest gekoppelt ist, macht auch er die Drehung mit (Fig. 29 b). Hat die Ätherströmung den linken Würfel passiert, so trifft sie auf den ihr kehrsinnigen unteren Diagon des rechten Würfels und sucht den rechten Würfel um 90° zurückzudrehen, damit ein gleichsinniger Diagon sich einstellt. Das aber läßt die feste Koppelung der Würfel nicht zu. Und so vermag die Ätherströmung den rechten Würfel nur zu bremsen.

Der rechte Würfel wird daher um etwas langsamer als der linke. Freilich nur für kurze Zeit. Denn die beiden Würfel greifen mit ihren Diagonen nach Art von Zahnrädern ineinander, so daß der schnellere Würfel den langsameren beschleunigt, bis alsbald beide wieder gleich schnell wurden.

V. Die Eigenbewegung der Wirbelkristalle.

Von großer Bedeutung für den Ausbau unserer Theorie ist die Bewegungsfähigkeit eines Wirbelkristalles im ganzen.

Nämlich, die Diagone bedingen — nach C, II, a, 1., β — eine translatorisch geradlinige Bewegung (siehe die gestrichelten Pfeile der Fig. 21 a) und die Antigone — nach C, II, a, 2., β — eine translatorisch revolvierende Bewegung (siehe die gestrichelten Pfeile der Fig. 21 b).

Die so gesetzten Impulse können sich summieren oder aufheben. Z. B. an der Pyramide (Fig. 24) heben sich alle Impulse auf bis auf die der Diagone an der Basis, welche Rotation um eine auf der Basis senkrechte Achse bedingen. Oder am Würfel (Fig. 26 b) heben sich alle Impulse auf bis auf die der vier Diagone rechts und links, die den Würfel rotieren machen um eine Achse, die durch die Pole des Antizyklons links und des Zyklons rechts geht.

Die rotatorische Bewegung der Pyramide bedingt auch eine translatorische in Richtung der Rotationsachse über die Spitze hinaus. Nämlich, die rotierende Pyramide verhält sich ähnlich wie die rotierende Kreisscheibe der Fig. 1 a: schleudert den Äther äquatorial von sich ab, während die so entstehenden leeren Räume sich alsbald durch — von den Polen her — nachströmende Flüssigkeit wieder auffüllen.

Nun ist bei der Pyramide offenbar die Saugkraft des Polartrichters an der Spitze stärker als die des Polartrichters an der Basis. Der Kristall stürzt daher als Ganzes in den an der Spitze verdünnteren Ätherraum.

Dagegen bewirkt die Rotation des Würfels nicht gleicherweise eine translatorische Bewegung, weil hier die Saugkraft der beiden Polartrichter einander gleich ist.

Wenn man will, hat man in diesem gegensätzlichen Verhalten der prismatischen und pyramidalen Kristalle eine Analogie zu den Elektronen, von denen die negativen beweglich, die positiven unbeweglich scheinen.

Der Sinn ihrer Rotation scheidet unsere Pyramiden nach Fig. 24a und 24c in zwei Geschlechter: in rechts- und links-drehende Kristalle. — Während gleichgeschlechtliche Pyramiden sich abstoßen, ziehen sich gegengeschlecht-liche an und legen sich zu Zwillingen aneinander (Fig. 30).

Fig. 30.

Ein solcher Zwilling rotiert um eine Achse, die durch die Mitten der Grundflächen der linken und der rechten Pyramide geht, und stößt daher äquatorial den Äther von sich ab, saugt ihn bipolar an und umgibt sich so mit Stromlinien, wie die Kreisscheibe der Fig. 1a.

Wir dürfen einen solchen Pyramidenzwilling als Modell für unseren dielektrischen Wirbel in Abschnitt A, I, b nehmen.

Ein fremder, starker Ätherwirbel, der dem neutralen Pyra-midenzwilling nahe kommt, zerreißt, „dissoziiert" den letzteren. Die frei gewordenen Einzelkristalle sind nun „in statu nascendi", und der fremde Wirbel zieht den ihm gegengeschlechtlichen Kristall an und stößt den ihm gleichgeschlechtlichen ab, welch letzterer dann zufolge seiner translatorischen Eigenbewegung das Weite sucht.

Unser Würfel dagegen ist bei bipolar gleicher Saugkraft ein ungeschlechtlicher Zwitter, der, da er des translatorischen Vor-triebes ermangelt, einzeln für sich bleibt.

Wenn man will, kann man die pyramidalen Kristalle so den zweiatomigen Gasen der Metalloide, die prismatischen den ein-atomigen Metalldämpfen vergleichen[1]).

VI. Der Aufbau der Wirbelkristalle höherer Ordnung.

Will man schon heute zu früh fragen, in welcher Weise die höheren Weltstufen aus dem Grundbaustein des Zyklons sich bilden, so wären vielleicht — im Gegensatz zu den vorstehenden,

---

[1]) Mit den analogisierenden Benennungen: Valenz, Isomerie usf. soll natürlich keineswegs gesagt sein, daß wir unsere Wirbelkristalle den Atomen der chemischen Weltstufe gleichsetzen, die fraglos unendlich kompliziertere Gebilde sind. Freilich wird es mehr als ein Zufall sein, daß Erscheinungs-formen der relativ so hoch stehenden, komplizierten chemischen Weltstufe in so gehäufter und ungesuchter Weise sich uns schon auf der tiefsten Stufe des mechanischen Aufbaues der Materie in Analogie bieten.

durchdachten und experimentell gestützten Wahrscheinlichkeiten —
die folgenden immerhin denkbaren Möglichkeiten kurz anzudeuten:

a) In dem Weltgase erster Ordnung, das sich aus dem Uratom des Äthers zusammensetzt, schaffen die Zyklone und Wirbelkristalle ein Weltgas zweiter Ordnung. In diesem gröberen Weltgase, dessen Atome also nicht mehr Uratome sind, sondern
Zyklone und Wirbelkristalle, bilden sich, genau wie in dem Weltgase erster Ordnung, kompliziertere Zyklone und Wirbelkristalle
zweiter Ordnung, usf.

b) Die Abstumpfung der Ecken und Kanten der Wirbelkristalle durch Aufnahme neuer Zyklone geht immer weiter, so
daß schließlich ein Kugelkristall resultiert. Dieser könnte durch
seine Diagone Achsenrotation bekommen und würde dann nach
Fig. 1a bipolare und äquatoriale Wirbelströme in seiner Umgebung veranlassen, vermöge deren er sich mit seinesgleichen,
ähnlich wie die Urzyklone, zu Wirbelkristallen vereinigen müßte:
als Baustein einer nächst höheren Weltstufe.

c) Der Grundbaustein des periodischen Systems ist das ebene
elektrische Sonnensystem des Wasserstoffatoms, aus dem sich die
übrigen Elemente kristallförmig — wie die Wirbelkristalle aus
Zyklonen — aufbauen.

D. Eine Absorptionstheorie der Gravitation.

An Hand unserer entwickelten Anschauungen über den Aufbau
der Materie aus Wirbelkristallen kommen wir schließlich zu einer
neuen Lösung des Rätsels der Schwerkraft.

Die allzu vielen Theorien über diese dunkelste aller Natur-
kräfte, die eine mechanische Deutung im Ätherstoß, in Zug und
Druck, in Rotation und wellenförmiger Bewegung fester und
flüssiger Substanzen suchten, scheiterten an der Schwierigkeit,
zu erklären, daß diese Gravitationswirkung proportional ist dem
Massenprodukt; daß die wechselseitige Einwirkung zweier gravi-
tierender Körper unabhängig ist von dem Vorhandensein und der
Lage dritter Körper, selbst wenn diese letzteren sich zwischen

den beiden ersteren befinden; daß mit anderen Worten alle Körper für die Gravitation vollkommen permeabel sind.

Diese Eigenschaft der Schwere, die sie mit keiner anderen physikalischen Kraft teilt, gesetzgemäß in voller Schärfe zu entwickeln, ist bisher keiner mechanischen Hypothese gelungen. Und nur aus der einen Riemannschen Absorptionstheorie — nicht eigentlich aufgestellt, sondern nur gelegentlich ausgesprochen — folgert die massenproportionale Gravitationswirkung widerspruchsfrei und selbstverständlich.

Bernhard Riemann, der Mathematiker, unterstellt kühn: ein jedes ponderable Atom saugt aus seiner Umgebung andauernd Stoff in sein Inneres und läßt den Stoff hier — in vierter Dimension — verschwinden, ihn transformierend zu Geist. Der Druck nun des in das ponderable Atom einströmenden Stoffes bedingt die Gravitation der Materie.

Diese Theorie könnte, wie gesagt, die inneren Widersprüche, darein sich alle anderen Hypothesen bisher verwickelten, vermeiden und die so dunklen Erscheinungen der Schwere einwandfrei erklären, wenn — ihre Voraussetzung gelten würde!

Diese Voraussetzung freilich führt uns auf metaphysisches Gebiet, wohin unser dreidimensionaler Intellekt nicht folgen kann. Wir wollen deshalb versuchen, die metaphysische Absorptionsidee der Riemannschen Theorie zu gründen auf einer physischen, hylomechanischen Basis.

Die Zyklone und Antizyklone unserer Wirbelkristalle saugen, da ihre Achsen in den ponderablen Atomen in allen nur möglichen Richtungen stehen, den Äther in ihren hinteren Polartrichter allseitig mit einer Kraft, die direkt proportional ist der Anzahl der ansaugenden Wirbel, und umgekehrt proportional dem Quadrat der Entfernung.

Nun könnte man die Ursache der Schwere der ponderablen Atome suchen in dem Druck des Ätherregens, der so allseitig auf sie niedergeht. Freilich, solcher Deutung scheint zu widersprechen, daß jene Wirbel genau so viel Äther, als sie hinten einsaugen, aus dem vorderen Polartrichter auch wieder aus sich herausstoßen. Daher sollten die ponderablen Atome genau wieder so viel Äther verlassen, als zuerst auf sie einströmte: der zentripetale und der zentrifugale Ätherregen müßten sich in ihren Drucken das Gleichgewicht halten.

Wie aber, wenn der eingeströmte Äther im Innern der ponderablen Atome verdichtet wird zu neuen, kleineren Wirbelgebilden, die Eigenbewegung erhalten und vermöge dieser Eigenbewegung die ponderablen Atome wieder verlassen?

Da der Äther in diesen kleinen Wirbelgebilden verdichtet sein und einen Teil seiner kinetischen Energie durch Umwandlung zu zyklischer (potentieller) Energie verloren haben wird, so müßte er bei seiner Flucht aus dem ponderablen Atom dessen zentripetalen Ätherregen zwar hemmen, aber nicht gänzlich: ein kleinerer Teil des Äthers würde beständig in das Innere des ponderablen Atoms strömen können, ungehindert durch den austretenden Äther.

Die Möglichkeit nun, daß im Innern der Atome der durch die Wirbel angesogene Äther verdichtet wird zu neuen Wirbelgebilden, ist nach unserer Theorie gegeben.

An den antigonalen Kanten der Wirbelkristalle kommt es ja zu sekundären Wirbelneubildungen, die sich kristallförmig zusammenfinden können. Diese neu gewordenen Wirbelkristalle haben aber, wie wir lernten, rotatorische und translatorische Bewegung, vermöge deren sie aus dem Innern der ponderablen Atome entweichen.

Nach allem muß die Anziehungskraft der hinteren Pole der Zyklone und Antizyklone die Abstoßungskraft der vorderen Pole überwiegen. Freilich nur um ein Geringes. Im Vergleich mit den sonstigen Molekularkräften, z. B. mit der Kohäsion, ist ja aber auch bekanntlich die Schwere der Körper verschwindend klein.

Im Effekt entspricht, wie man sieht, unsere neue Lösung des Rätsels der Schwerkraft der Riemannschen Absorptionstheorie durchaus. Sie hat deren Vorzüge, gründet sich dabei aber nicht auf metaphysischen Voraussetzungen, sondern auf erkenntnistheoretisch einfachster, hylomechanischer Basis.

Nachwort.

Das Ideal der klassischen Mechanik, alle Naturerscheinungen als Bewegungsvorgänge von Stoffteilchen zu erklären, gilt neuerdings als anthropomorphe Beschränktheit. In Verzweiflung über die Unnatur des Äthers, der so viel Eigenschaften, so viel Widersprüche in sich selber hatte, setzte die theoretische Physik an die Stelle jenes alten Ideals das neue: umgekehrt die Mechanik elektrisch zu deuten.

Während noch die dynomechanische Atomistik sich darauf beschränkt hatte, ihren unstofflichen Kraftpunkten lediglich anziehende und abstoßende Kräfte beizulegen, macht man heute das Elektron zum Träger einer elementaren, elektrischen Ladung, also eines sogar äußerst komplizierten elektromagnetischen Mechanismus, mit dem kategorischen Imperativ, diesen Mechanismus mechanisch weiterhin nicht mehr zu deuten: „weil die Mechanik ein überwundener Standpunkt sei".

Ein solches Wort zeugt von einem hohen Mute, vielleicht aber auch nur von einem Hochmute. Immerhin, die moderne Physik dürfte jene ihre Elektronentheorie unterstellen, wenn das Elektron als Punkt singulären Verhaltens im elektrisch erregten Raum, als Ausgangsstelle eines elektrischen Feldes nun auch in sich selber widerspruchsfrei wäre und die Welt der Erscheinungen restlos erklären könnte.

Das aber ist keineswegs der Fall. Auch die Natur des Elektrons ist, wie die des gescholtenen Äthers, Unnatur. Das Elektron müßte, der Expansionskraft seines elektrischen Feldes folgend, sich selber auflösen. Wenn es existenzfähig bleiben soll, ist man gezwungen, es weiter zu komplizieren. Man muß ihm eine, seinem eigenen Wesen fremde, Kohäsionskraft beilegen, die seine Ladung in der eng begrenzten Knotenstelle zusammenhält. Und diese Kohäsionskraft ist heute noch völlig unbekannt.

Nachdem die Krümmung der Lichtstrahlen im Gravitationsfelde der Sonne die Folgerichtigkeit der Einsteinschen Relativitätstheorie erwiesen hat, mag es vollends unzeitgemäß erscheinen, nach dem elektromagnetischen Mechanismus des totgesagten Äthers zu suchen.

Es ist hier nicht der Ort für eine Kritik der Einsteinschen Theorie. Überhaupt soll man diese Theorie nicht kritisieren, denn sie ist als mathematische Fiktion folgerichtig in sich und unangreifbar. Wer in ihr nicht das Ideal einer Naturerklärung sieht, mag sie bekämpfen, indem er eine neue mechanische Theorie des Äthers sucht, welche die Widersprüche und Rätsel der alten löst.

Gerade die Verzweiflung über die Unnatur des Äthers, die zwei Jahrhunderte jeder Erklärung spottete, schuf ja in Reaktion allererst die Stimmung, aus der eine allgemeine Relativitätstheorie geboren werden konnte. In demselben Augenblick aber, wo eine widerspruchsfreie mechanische Theorie des Äthers gefunden werden sollte, würde die Einstein sche Theorie der Geschichte angehören.

Wir hoffen in der vorliegenden Arbeit die Grundzüge einer solchen Physik des Äthers gegeben zu haben. Freilich fürerst nur in Form kinematischer Vorstellungen, die sich zwar auf hydromechanische Experimente gründen, doch nicht mathematisch eingekleidet sind.

Die Wissenschaft wird einem solchen Versuch mit Mißtrauen begegnen. Denn eine rein mechanische Hypothese macht blind gegen Tatsachen, voreilig in den Annahmen und begünstigt einseitige Auffassung, wie Maxwell im Vorwort „über Faradays Kraftlinien“ bemerkt.

Es gelten aber auch seine Worte, die er eben dort über die rein mathematische Behandlung physikalischer Probleme sagt: „darüber verlieren wir die zu erklärenden Erscheinungen ganz aus dem Auge und können niemals eine umfassendere Übersicht über die inneren Beziehungen des Gegenstandes gewinnen.“

So erklärt sich die historische Tatsache, daß die neuen Gedanken der physikalischen Forschung fast immer aus intuitiver Anschauung und nicht aus mathematischer Analyse geboren wurden. Man denke an Faraday, den unbedeutenden Mathematiker, doch überragenden Physiker, der erst spät einen Maxwell finden mußte, seine Ideen mathematisch einzukleiden und zum Siege zu führen.

Überdies stehen die heutigen mathematischen Methoden den Schwierigkeiten einer Phänomenologie des Wirbelproblems, darauf sich unsere Theorie gründet, anerkanntermaßen ohnmächtig gegenüber. „Die exakte Durchführung und Berechnung in Wirbelmaterie ist so verwickelt, daß schon die einfachsten Probleme nur mit großem Aufwande, höhere aber, wie es scheint, gar nicht zu lösen sind“, sagt F. Auerbach. Und P. G. Tait bei Besprechung des Wirbelatoms Lord Kelvins: „zu finden, was geschieht, wenn auch nur zwei Wirbelatome einander stoßen, so daß die Gesamtbewegung nicht symmetrisch um eine Achse erfolgt, ist eine Aufgabe, die vielleicht die Lebenszeit der besten Mathematiker Europas für die nächsten zwei oder drei Generationen beanspruchen würde.“

Gewiß, der intuitiv anschauende Forscher steht nur zu oft im Dickicht des Waldes unschlüssig am Scheidewege und wählt von beiden den Holzweg, der dann übrigens immer sehr bald tot endet.

Dem gegenüber sieht die mathematische Analyse oft den Wald vor Bäumen nicht. Differential- und Integralrechnung sind wesentlich der Kontinuitätshypothese des Stoffes angepaßt. An Stelle der Integralrechnung müßte bei Fassung der Atomistik aber die Summenrechnung treten, die unendlich schwieriger ist, ja, deren Schwierigkeiten sich überhaupt nicht bewältigen lassen. Ist doch bereits das Dreikörperproblem unter der Wirkung bekannter innerer Kräfte nicht allgemein lösbar, geschweige denn das gleiche Problem für zahllose, in ihrem Wesen unerkannte Molekeln.

So wird man im Interesse der mathematischen Durchführbarkeit physikalischer Probleme stets gezwungen, weitere vereinfachende Hypothesen über die räumliche Anordnung der Molekeln und über die Gesetze der zwischen ihnen wirkenden Anziehungs- und Abstoßungskräfte zu machen.

Um im obigen Bilde zu sprechen: auch die Mathematik, die unfehlbare, sieht sich auf ihrem Forschungswege alsbald vor Abgründen, die sie Schritt vor Schritt nicht mehr überwinden, die sie im gewagten Gedankenfluge nur überspringen kann. — Daß dabei auch berufenste Geister verunglücken können, zeigt die Entwickelung der elektrodynamischen Gleichungen Maxwells an Hand der mechanischen Vorstellungen seiner Theorie der Molekularwirbel. Eine Reihe offenbarer innerer Widersprüche machen diese unmöglich. Und es muß ein sonderbares Licht auf die so gerühmte Unfehlbarkeit der mathematischen Methode werfen, wenn selbst ein Cl. Maxwell mathematisch zu einer physikalischen Wahrheit durch offenbare Trugschlüsse kommen konnte.

Die mathematische Analyse versagt sich also der exakten Ausbildung unseres Problems noch auf lange hinaus. Und man wird statt der theoretischen besser die wirkende Mathematik: die Natur sprechen lassen im hydromechanischen Experiment, das Analogieschlüsse gestattet.

GPSR Compliance
The European Union's (EU) General Product Safety Regulation (GPSR) is a set
of rules that requires consumer products to be safe and our obligations to
ensure this.

If you have any concerns about our products, you can contact us on

ProductSafety@springernature.com

In case Publisher is established outside the EU, the EU authorized
representative is:

Springer Nature Customer Service Center GmbH
Europaplatz 3
69115 Heidelberg, Germany